科学のアルバム
かがやく
いのち

# オオカマキリ

――狩りをする昆虫――

森上信夫

監修／岡島秀治

あかね書房

# オオカマキリ 狩りをする昆虫　もくじ

## 第1章 オオカマキリの狩り — 4

- えものがやってきた ── 6
- ねらいを定めてつかまえる ── 8
- 目でみて、かまでつかまえる ── 10
- えものを丸かじり ── 12
- 食事のあとにすることは？ ── 14
- オオカマキリの敵 ── 16
- はねをさかだてておどす ── 18
- オオカマキリが飛んだ ── 20

## 第2章 まちぶせをする虫たち — 22

- 葉や茎に身をかくす ── 24
- 花やかれ葉になりすます ── 26
- まちぶせの達人 ── 28
- かまをもつ虫たち ── 30

## 第3章 オオカマキリの育ち方 — 32

- メスに飛びつくオス ——— 34
- あわの中に卵を産む ——— 36
- 卵で冬をこす ——— 38
- 赤ちゃんが出てきた ——— 40
- きけんがいっぱい ——— 42
- 狩りをする幼虫 ——— 44
- 育っていく幼虫 ——— 46
- 成虫になる ——— 48
- 暑い夏の日の下で ——— 50

## みてみよう・やってみよう — 52

- オオカマキリをみつけよう ——— 52
- オオカマキリを飼ってみよう ——— 54
- オオカマキリの体 ——— 56

## かがやくいのち図鑑 ——— 58

- 日本にいるカマキリ ——— 58
- 外国にいるカマキリ ——— 60

- さくいん ——— 62
- この本で使っていることばの意味 ——— 63

**オオカマキリの体の色**
オオカマキリには、全身が緑色の「緑色型」と、はねのふちだけが緑色で、ほかがうす茶色の「褐色型」がいます。「緑色型」はメスだけにみられ、オスはつねに「褐色型」*です。

*前胸が緑色がかるものはいます。

### 森上信夫

昆虫写真家。1962年埼玉県生まれ、立教大学卒業。昆虫がアイドルだった昆虫少年がカメラを手にし、そのアイドルの"追っかけ"に転じ、現在に至る。1996年、「伊達者競演ー昆虫のおなか」で、第13回アニマ賞を受賞。著書に、アニマ賞受賞作を収録した『虫のくる宿』（アリス館）や、『虫のオスとメス、見分けられますか？』（ベレ出版）、『オオカマキリと同伴出勤』（築地書館）などがある。埼玉昆虫談話会会員。

カマキリは、みていてたいへん楽しい虫です。かまのような前あしでおいのりをするようなポーズをとったり、頭をくるくる動かしてこちらをみたり、また、偽瞳孔というひとみのような部分（57ページ参照）が目にあって、カマキリの顔をのぞきこむと、いつもこちらと視線が合うようにみえたり…。そうしたしぐさが、まるで人間のようで、撮影中につい親しみをこめて、「もっとこっちをむいてよ！」なんて、カマキリに話しかけてしまうことも何度かありました。そんなカマキリたちのなかで、本書で紹介したオオカマキリは、日本で最大級のカマキリです。空を飛ぶシーンや、敵をおどすポーズ、また狩りの場面など、みていて迫力満点です。こんなにかっこよくて、存在感のあるカマキリが、さがせばわりとかんたんにみつかる普通種であるというのは、ほんとうにしあわせなことだと思います。都会でも、えさとなる昆虫が多い緑地や公園などがあれば、今でもしっかり生きのこっていることが多く、みなさんもぜひ、そんな場所でオオカマキリをさがしてみてください。しばらく飼ってみるのもたいへんおもしろく、きっと、さまざまな発見があるでしょう。

### 岡島秀治

東京農業大学名誉教授。1950年大阪府生まれ。東京農業大学大学院農学研究科修了。農学博士。専門は昆虫学で、アザミウマ目の分類や天敵に関する研究を中心に、幅広く昆虫をみつめ、コウチュウ目などにも造詣が深い。昆虫に関する図鑑類、解説書や絵本など、啓蒙書を中心に多数の著書・監修書がある。

日本には10数種のカマキリがいます。どれも肉食性で、大きなかまをつかい、昆虫などをとらえてたべます。なかでも最大のオオカマキリは、自分より大きなものもたべることがあります。本書では、オオカマキリの生活を、多くの写真をつかい、くわしく説明しています。また、カマキリの卵は、あわでできた卵鞘に守られています。形はちがいますが、ゴキブリの卵も卵鞘に守られています。じつはカマキリがゴキブリと親せきなのを、みなさんは知っていましたか？

# 第1章 オオカマキリの狩り

オオカマキリは、北海道から九州にかけてすんでいる大型のカマキリです。いろいろな虫などをつかまえてたべます。林の近くの草むらなどに身をひそめ、えものがやってくるのをじっとまっています。そして、近くにきたえものにしのびより、大きなかまのような前あしで、狩りをするのです。

■ 林のふちにあるしげみで、えものがやってくるのをまっているオオカマキリ。おとなのオオカマキリは体が大きいですが、少しはなれたところからみると、葉の色にまぎれてあまり目立ちません。

# えものがやってきた

　オオカマキリが、セイタカアワダチソウの上でじっとしています。そこに、ハチがやってきました。オオカマキリは、頭だけを動かして、じっとハチの動きをおっています。オオカマキリは、草や木の葉、茎などにつかまって、えものをまちぶせ、つかまえます。そのため、自分ではあまり動かないようにして、えものに気づかれにくくしているのです。

　このような狩りのときにやくにたつのが、よく動く頭です。オオカマキリのくびは細くなっていて、胴体を動かさずに頭だけを上下左右にむけたり、180度ほど回転させたりできるのです。えものの動きやえものとの距離を、小さな頭にある大きな目（複眼）で正確にとらえ、えものが十分に近づいたところで、おそいかかるのです。

▲オオカマキリの頭は、上下左右にむけたり、回転させたりと、かなり自由な動きができます。また、胸部と腹部のつなぎめの関節も、大きく左右に回転させることができるので、体をあまり動かさずに、体のまわりじゅうをみることができます。

■ ハラナガツチバチをねらうオオカマキリの成虫。

# ねらいを定めてつかまえる

　オオカマキリは、かまのような前あしをすばやくくり出して、えものをつかみとるようにして狩りをします。ふつうは、えものに飛びかかってつかまえたりはしません。

　しかし、えものが近くまでやってきても、前あしがとどく距離まで近づいてくれるとはかぎりません。えものまで距離がある場合は、じっとしているのをやめ、自分からえものに近づいていくこともあります。えものに気づかれないよう、あしをゆっくり動かしながら、そろそろと近づきます。そして、前あしがとどく距離まで近づくと、ねらいを定め、目にも止まらぬはやさで前あしをくり出し、えものをとらえるのです。

▲ミツバチをとりにがしたオオカマキリ。十分にえものに近づいていても、かならず狩りが成功するとはかぎりません。とくに足場がしっかりしていないような場所では、えものににげられることもあります。

▲まちぶせをしているオオカマキリの近くに、クサキリの成虫がやってきました。

▲えものに気がついたオオカマキリは、ゆっくりと前あしをのばして、近づきはじめます。

▲えものに気づかれないように、時間をかけてゆっくりと近づいていきます。もうすぐ前あしがとどきそうです。

▲前あしがとどく距離まで近づくと、中あしと後ろあしで体をささえ、前あしをくり出す準備をととのえます。

▲前あしをくり出し、えものをとらえると、両方の前あしでしっかりとかかえます。

■ えものをねらっているオオカマキリ。胸の前で前あしをたたんで、えものにむかってくり出すタイミングをはかっています。

## 目でみて、かまでつかまえる

オオカマキリは狩りをするとき、大きな目（複眼）をつかってえものをみつけ、えものまでの距離をはかり、かまのような前あしをくり出すときをまちます。

オオカマキリの大きな目は、顔の前や横だけでなく、後ろ側もよくみえます。とくに前方は、左右の目で同時にみることのできる範囲が広くなっています。

えものが近づくまでは、左右の目で体のまわりを広くみわたしています。そして、えものが近づくと、両方の目でえものをみるようにします。こうすることで、えものにまっすぐ顔がむき、えものがいる方向を定めることができるのです。そして、かまがとどく場所にえものがきたとき、すばやく前あしをくり出します。

🔺 オオカマキリの大きな目（複眼）は、小さな目（個眼）が数万個もあつまってできています。頭の広い範囲をおおっていて、両目をあわせると、体のまわりのほぼ全体をみることができます。

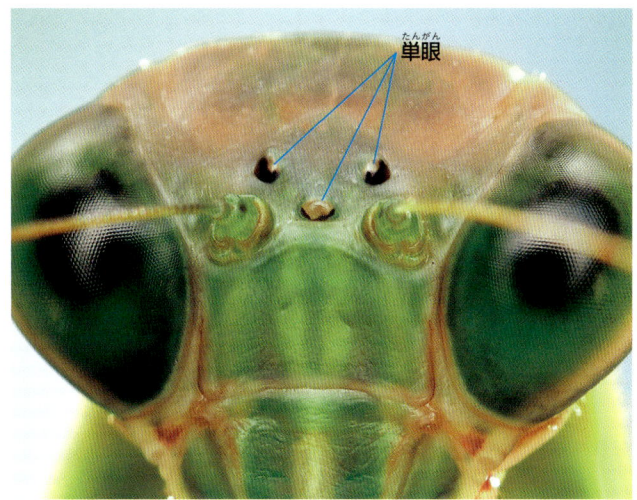

🔺 左右の複眼のあいだには、単眼という小さな目が3個、三角形にならんでいます。明るさなどを感じる目です。

🔻 前あしのつくり。先から2番めの節（脛節）には、先にかぎづめのようなとげがあり、ふちにはぎざぎざの歯が2列にならんでいます。3番めの節（腿節）のふちには、さらに大きなぎざぎざの歯が2列にならんでいます。脛節と腿節のあいだの関節をとじると、脛節の歯が腿節の歯のあいだに、ぴったりおさまります。

## かまをくり出す角度

オオカマキリの胸の前方（くびの部分）には、感覚毛という細かい毛がたくさんはえています。えものを両目で正面からみようと頭を動かすと、頭の後ろ側がこの感覚毛にふれ、頭のむき（えもののいる方向）が細かくわかるようになっているのです。この情報は前あしの神経のかたまりに伝えられ、かまをどの方向にくり出したらよいかが、一瞬で細かく調整されるのです。

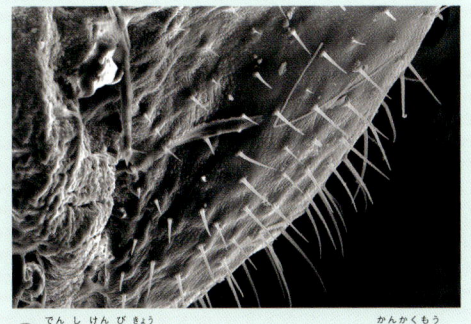

🔺 電子顕微鏡でみたオオカマキリの感覚毛。

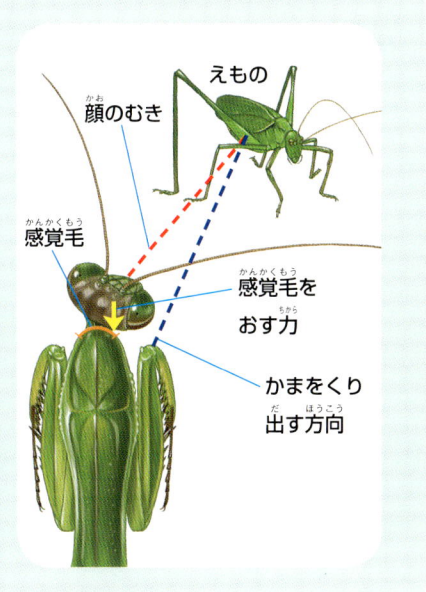

## えものを丸かじり

　えものをとらえたオオカマキリは、すぐにえものにかじりつきます。そして、ときどきえものをかかえなおしたりしながら、たべていきます。最初にかじった部分がたべにくい部分（コガネムシのはねなど）だった場合などは、もちかえて、かじりやすい部分からたべます。

　おとなのオオカマキリは、チョウやセミ、バッタ、トンボなどの大型の昆虫や、ときには自分のなかま、ほかの種類のカマキリなどもたべます。昆虫だけでなく、トカゲやカエル、カタツムリまでとらえてたべることもあります。お腹がすいているときなどは、アブやハエなどの小型のえものもつかまえて、たべます。

■ アゲハをたべるオオカマキリの成虫。はねはたべるのに適さないようで、のこしてすててしまいます。

▲ クマバチをつかまえたオオカマキリの成虫。スズメバチなどの大型のハチもつかまえてたべることがあります。

▲ アブラゼミをつかまえてたべるオオカマキリの成虫。

🔺 オオカマキリの口には、上下のくちびるのあいだに、左右にひらく大あごと小あご（57ページ）などがあります。

🔺 きばのような大あごと小あごで、サトクダマキモドキの体をくいちぎってたべています。

🔺 ジョロウグモのメスをたべるオオカマキリの成虫。

🔺 シュレーゲルアオガエルをつかまえてたべるオオカマキリの成虫。幼虫にとってはおそろしい敵ですが、オオカマキリの成虫にはかないません。

## 食事のあとにすることは？

えものをたべおえたオオカマキリは、狩りと食事でよごれた顔やあし、触角などをきれいにします。

体をよごれたままにしておくと、狩りがしづらいだけでなく、そこからカビがはえたり、病気の原因になったりします。また、あしの先がよごれていると、枝や茎、葉などの上で自由に動きまわれなくなったりもします。

体をきれいにするときは、おもに口をつかいます。よごれた部分を口でくわえ、なめてきれいにするのです。口がとどかない目（複眼）などの場所は、前あしの腿節（11ページ）の内側にあるブラシのような毛でこすって、よごれを落とし、その毛もなめてきれいにします。

🔺 かまのそうじをするオオカマキリ。食事をしたあとは、よごれをなめとります。体についたえものの体液をそのままにしておくと、つぎの狩りがしづらいだけでなく、カビがはえたり、病気の原因にもなります。

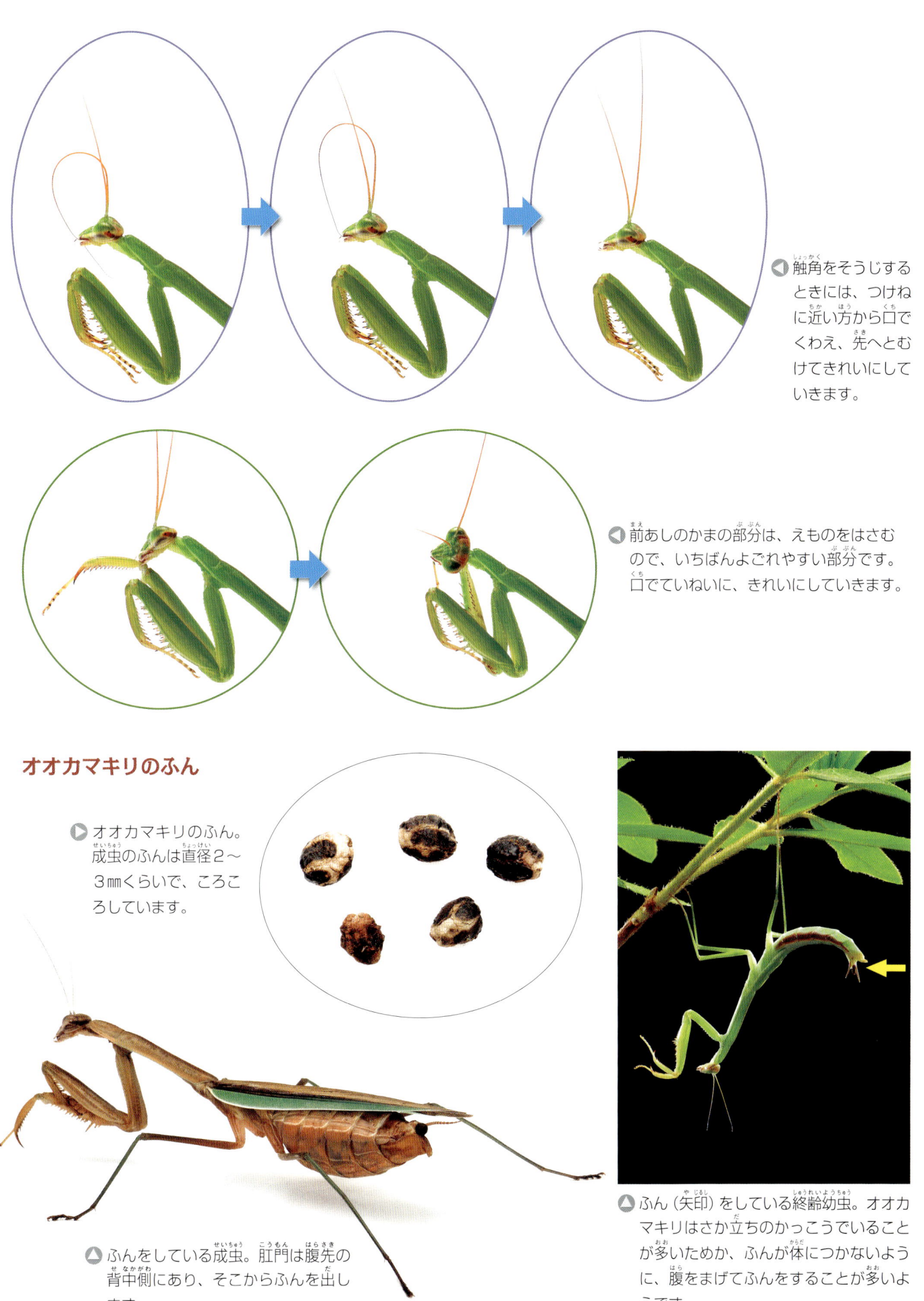

◁ 触角をそうじするときには、つけねに近い方から口でくわえ、先へとむけてきれいにしていきます。

◁ 前あしのかまの部分は、えものをはさむので、いちばんよごれやすい部分です。口でていねいに、きれいにしていきます。

## オオカマキリのふん

▷ オオカマキリのふん。成虫のふんは直径2〜3mmくらいで、ころころしています。

△ ふんをしている成虫。肛門は腹先の背中側にあり、そこからふんを出します。

△ ふん（矢印）をしている終齢幼虫。オオカマキリはさか立ちのかっこうでいることが多いためか、ふんが体につかないように、腹をまげてふんをすることが多いようです。

■ ナガコガネグモにつかまったオオカマキリの幼虫。成虫はクモをえさにしますが、体が小さい幼虫はクモのえさになることが少なくありません。

## オオカマキリの敵

　えものにされる虫などにとってはおそろしい存在ですが、オオカマキリにもいろいろな敵がいます。大きな成虫でも、鳥やネコなどにおそわれますし、体が小さな幼虫の場合には、クモやアリ、なかまのカマキリやほかの種類のカマキリから攻撃を受けることもあります。

　さらに、ムシカビにおかされたり、自動車にひかれたりして、いのちを落とすこともあります。

　そのほか、脱皮（46ページ）や羽化（48ページ）に失敗して死んでしまうもの、病気や寄生虫のせいで死ぬものも少なくありません。

## 体内に寄生するハリガネムシ

カマキリのなかまには、ハリガネムシという生きものが寄生していることがあります。ハリガネムシは、はじめは水中で水生昆虫などの体内に寄生し、その昆虫が陸上に出たときにたべたキリギリスのなかまや、カマキリのなかまに寄生するのです。そして、十分に成長すると、寄生した相手の行動をコントロールして水辺にみちびき、水の中で腹から脱出して水中にもどり、繁殖します。ハリガネムシに寄生されたカマキリのメスは、卵をつくれず、繁殖できなくなってしまいます。

△ ハリガネムシにみちびかれて、水辺にやってきたオオカマキリ。

△ オオカマキリの腹から出てきたハリガネムシ（矢印）。

▷ 寄生されているオオカマキリの腹を水につけると、ハリガネムシが出てくることがあります。

△ ネコにくわえられたオオカマキリの成虫。ネコはこのんでオオカマキリをたべることはありませんが、くわえたり、たたいたりして遊ぶことはよくあります。

△ 道路に落ちていたオオカマキリの死体。車とぶつかったり、ひかれていのちを落とすものもいます。

◁ ムシカビにとりつかれて死んだコカマキリ。白いこなのようなカビで、関節や体のあちこちのつぎめなどをおおいます。

■ おどしのポーズをとるオオカマキリのオス。

## はねをさかだてておどす

　オオカマキリがはねをひろげ、中あしと後ろあしで立ち、かまのある前あしを胸の前でかまえているすがたをみたことがありますか？　オオカマキリだけでなく、カマキリのなかまの成虫がよくするポーズです。このポーズは体を大きくみせることで、自分と互角か自分よりも強そうな相手をおどし、攻撃されないようにするためのものです。

　このポーズをしても相手がひるまないと、前あしをもっと広げ、口をあけて赤い口の中をみせるようにして、さらにおどします（58ページ）。オオカマキリの成虫はとても気が強く、人間やネコなどに対しても、にげずにおどしのポーズをとることがよくあります。

### 死んだふりをするヒメカマキリ

　同じカマキリのなかまでもヒメカマキリは、たたかってもかなわない相手だと感じた場合、体をふせてかくれようとします。さらにきけんを感じると、死んだふりをして攻撃をさけようとすることもあります。

▲すべてのあしをちぢめて、死んだふりをしているヒメカマキリ。

## オオカマキリが飛んだ

　オオカマキリの成虫には、大きな前ばねと後ろばねがあります。しかし、お腹に卵をもつメスは、お腹が重すぎて、羽ばたいてもほとんど飛ぶことはできません。せいぜい高い所から飛びおりるくらいです。

　一方、身軽なオスは何十メートルも飛ぶことができます。飛ぶといっても、トンボやチョウのように自由に飛びまわれるわけではなく、方向をかえたりするのはへたです。敵からにげるときなどには、飛ぶことが多いようです。

■ 飛んでいるオオカマキリのオスの成虫。大きな前ばねと後ろばねをバサバサと動かして、直線的に飛びます。

▲ 地上を歩くオオカマキリのメスの成虫。卵をもっているお腹は太く、体が重いので、移動するときはほとんど歩いて移動します。

# 第2章 まちぶせをする虫たち

　オオカマキリのように、えものをまちぶせて狩る虫は、ほかにもたくさんいます。草や木の上、地面にかくれてまちぶせをするものもいれば、水の中や土の中にかくれているものもいます。また、昆虫ではありませんが、クモのように空中にあみをはって、飛んでくるえものをつかまえるものもいます。

■ 花の上にいるオオカマキリの幼虫とハナグモのメス。どちらもえものをまちぶせて狩りをします。ハナグモはあみをはらないクモで、花の上などにいて、えものをまちます。

## 葉や茎に身をかくす

日本にいるカマキリのなかまの多くは、草や木の上、地面や落ち葉の上などで狩りをします。そのため、これらのカマキリのなかまは、体の色や動きで、えものをあざむこうとしています。

たとえば、まちぶせをする場所とにたような体の色をしていれば、動かずにじっとしているだけでみつかりにくくなるものです。このような体の色を保護色とか隠ぺい色といいます。また、えものにゆっくり近づくとき、葉が風にふかれてゆれているように、体をゆらゆらと動かすものもいます。

しかし、ヒメカマキリやヒナカマキリなどは、まちぶせをするよりも、歩きまわってえものをさがし、狩りをすることが多いようです。

▲セイタカアワダチソウの花にまぎれているオオカマキリの成虫。

▲花のそばでクマバチをねらっているオオカマキリの成虫。

▲かれた草がつみ重なった地面にいるコカマキリの成虫。

▲地面の落ち葉の上にいるヒナカマキリの成虫。

■ ニシキギの枝につかまってじっとしているオオカマキリの成虫。自然の中でみると、とてもみつけにくいです。

■ ハナカマキリの幼虫は、花ににたすがたをしています。花の近くで腹を背中側にまげたかっこうでえものをまちぶせて、狩りをします。敵から身を守ることにも役立っています。円内は、幼虫のすがただけをみせたものです。成虫（60ページ）は花にはあまりにていません。インドから東南アジアにすんでいます。

# 花やかれ葉になりすます

　外国、とくに熱帯地域にすむカマキリのなかまには、色が保護色になっているだけでなく、体の形が花や葉、枝などににていたり、木の幹についているコケなどににているものがいます。まちぶせをする環境の一部になりすまして、すがたをかくしているのです。ゆっくり動いていても、どこにいるかまったくわからないほど、みごとななりすまし方です。

　このように、体の色や形によってほかのものになりすましてすがたをかくすことを、カムフラージュ（隠ぺい）といいます。カマキリのなかまのように、えものにみつかりにくくしているものと、バッタのなかまなど、敵にみつかりにくくして身を守っているものとがいます。

▲ ヒシムネカレハカマキリ。マレーシアやインドネシアにすむカマキリで、かれ葉のようなすがたをしています。体長60～80mmになります。

▲ ビキングラタカマキリ。マレー半島からカリマンタン島、ジャワ島のジャングルにすんでいます。体長20mmほどです。

▲ 南アメリカのガイアナにすむカマキリのなかま。かれ葉や、枝から下がる地衣類*のようなすがたをしています。

▲ オオカレエダカマキリ。幼虫も成虫も細い枝のようなすがたです。マレーシアにすみ、体長15cm以上になります。

▲ キノハダカマキリ。東南アジアにすむカマキリで、木の幹につくコケにすがたをにせています。

▲ コケと同じような色ともようのカマキリ。木の幹の上では目立ちません。マレーシアで撮影しました。

*菌類と藻類がいっしょにいて、ひとつの生物としてくらしているもの。サルオガセなど、コケににたすがたをしているものが多くみられます。

## まちぶせの達人

まちぶせの達人というと、あみをはるクモを思いうかべますが、ほかにもまちぶせがじょうずな虫たちや、あみをはらずにまちぶせをするクモもいます。動きまわったり、えものをおいかけたりして多くの体力をうしなうよりも、あまり体力をつかわず、さまざまな方法でえものがくるのをまつことをえらんだものたちです。

カマキリのなかまと同じように、草や木の葉にまぎれてまちぶせをするものも少なくありません。ほかにも、保護色を利用してえものをあざむくもの、地面や物かげにかくれてまちぶせをするものなどがいます。

■ あみをはってえものがかかるのをまっているコガネグモ。

▲ 巣の底から頭を出し、きばのような大あごを広げているウスバカゲロウの幼虫（アリジゴク）。

▶ ウスバカゲロウの幼虫（円内が全身）は、すりばちのような形にほった巣の底にひそんでいて、巣に落ちたえものにすなをあびせてにげられないようにし、つかまえます。

🔺 ハナグモは、花の近くでやってくるえものをまち、飛びかかってつかまえます。

🔺 花の中でまちぶせをするアリグモ。歩きまわってえものをさがすこともあります。アリににたすがたをしています。

🔺 アカスジキンカメムシの幼虫をおそうヨコヅナサシガメの幼虫。木の幹などに集団でいて、近くにきた虫などをおそいます。

🔺 魚をつかまえたタガメ。水面近くの水草の茎などでえものをまち、近づいてきたところを前あしでおそい、針のような口をさします。

🔺 魚をおそうギンヤンマのヤゴ。水の底や水草の上などでえものをまち、前にとび出す下くちびるでとらえます。

■ クサカゲロウのなかまをたべるヒメカマキリモドキ。ウスバカゲロウなどと同じグループの虫です。かまのような前あしだけでなく、顔や細長い胸なども、カマキリのなかまににています。体長13〜17mmほど。

▶ メダカをとらえてたべるミズカマキリ。水生のカメムシのなかまで、日本各地の水田や池でみられます。しりの先からのびる長い呼吸管を水面に出して、呼吸をしながらまちぶせをします。呼吸管をふくむ全長が8cmほどあります。全体のかっこうもカマキリのなかまによくにています。

# かまをもつ虫たち

　日本には、カマキリのなかまと同じように、かまのような形の前あしをもつ虫が何種類かいます。カマキリモドキのなかまと、水生昆虫のミズカマキリやコオイムシのなかま、カマバエというハエのなかまです。どの虫も、狩りをするときに、かまのような前あしをつかいます。

　カマキリのなかまをふくめ、これらの虫たちはそれぞれ、まったくちがうグループの虫です。それなのに、同じような形の前あしをもっているのは、なんだかふしぎですね。まったくべつの道すじを通って進化したのに、狩りをするという目的が同じだったために、同じような形とはたらきをする前あしをもつようになったと考えられています。

▲ミナミカマバエ。関東地方から南の水辺でみられる体長4㎜ほどのハエです。かまのような前あしで、水辺の虫などをつかまえてたべます。北日本では、同じなかまのカマキリバエがよくみられます。

## 第3章 オオカマキリの育ち方

　夏から秋のあいだにたくさんのえものをたべて、オオカマキリたちはすっかり一人前になりました。林のまわりや河原のしげみには、メスをさがして、おとなになったオスたちがあつまってきます。メスとオスが出合い、交尾をすると、メスのお腹の中では卵が育ち、冬がくる前にメスは卵を産みます。そして、春になると卵から子が生まれ、育っていくのです。

■交尾をするオオカマキリ。秋になると、林のまわりのしげみの草の上などでは、産卵をひかえて腹が大きくふくらみはじめたメスと、オスのすがたがよくみられるようになります。

■ メス（右）をみつけたオス（左）が、近くにやってきました。

## メスに飛びつくオス

　草の上にいるメスをみつけ、オスが近くにやってきました。オスはゆっくりと近づき、動きをとめてメスのようすをうかがいます。オスは、メスがほかに気をとられる瞬間をねらい、メスの背中に飛びつきます。そして、メスをあしでしっかりとだきかかえ、交尾をします。

　オオカマキリの交尾は、精包（精子が入ったふくろのようなもの）と、栄養としてメスが利用できる白いねん液を、オスが腹先から出し、それをメスの腹に送りこみます。交尾は、1時間から数時間くらいつづきます。

　交尾をおえると、オスはすばやくメスからはなれ、べつの場所へとさっていきます。いつまでもその場にとどまっていると、メスにつかまってたべられてしまいかねません。

🔺 メスにおそわれないように気をつけながら、ゆっくりと近づいていき、動きをとめてメスのようすをみます。

🔺 すきをみつけて、メスの背中にとびのり、後ろからしっかりとメスの体をかかえます。

🔺 メスの背中にのって交尾をするオス。

🔺 オスは腹先をまげて、右側からメスの腹先にくっつけます。

## オスをたべるメス

　交尾をする時期のオオカマキリのメスは、さかんにえものをたべます。そのため、近づいてきたオスをたべてしまうこともあります。たべられてしまわぬように、オスは注意深くメスに近づきますが、それでもつかまってしまうものがいます。また、交尾のとちゅうに頭からたべられてしまうオスもいます。

▶ 交尾をしながらオスをたべているオオカマキリのメス。オスは頭をたべられてもまだ生きていて、最後まで交尾をつづけます。

## あわの中に卵を産む

　交尾をおえて卵が十分に育つと、オオカマキリのメスは卵を産む場所をさがしはじめます。ちょうどよい場所がみつかると、メスは頭を下にしたかっこうで動かなくなり、やがて卵を産みはじめます。
　メスは、卵を産む場所を腹の先で何回もこするようにしたあと、白いあわを腹先から出してぬりつけていきます。あわのかたまりが少しできてくると、その中に卵をならべて産みつけながら、あわのかたまりを大きくしていきます。こうして3時間から5時間ほどかけ、直径3〜4センチメートルのつりがね型のあわのかたまり（卵鞘）をつくります。

▲卵を産む場所をさがすオオカマキリのメス。セイタカアワダチソウなどの茎や、庭の植えこみの枝など、わりあい背が高い植物をこのみます。地面から1m以上の高さに産むことが多いですが、もっと低い場所に産むこともあります。

▲ ①〜⑥ 腹先を上下左右にふり、あわをこねるようにしながら、卵鞘をつくっていきます。

▲ 産卵しているメスの腹先。

▲ できあがった卵鞘は、はじめは白く、だんだんかわいてかたくなると、色がうす茶色になります。1ぴきのメスは死ぬまでに2〜3回の産卵をすることが多いようです。

▲ 卵鞘の中には、長さ5㎜ほどの卵が200個ほど、何層にもならんでいます。

● 冬の野原にあったオオカマキリの卵鞘。

## 卵で冬をこす

　冬になると、オオカマキリのメスは死んでしまいます。そして、卵鞘は産みつけられた場所にそのままくっついて、冬の寒さの中で雨や雪、風にさらされています。でも、小さなあわがたくさんあつまってできている卵鞘は、あわの中の空気のはたらきで、中の温度が下がりにくく、卵もまた寒さに強くなっています。そのため、寒い冬のあいだも、卵鞘の中の卵は死なないのです。

▲メスは産卵をおえても、すぐに死ぬわけではなく、何日も生きています。しかし、だんだん動きがにぶくなり、冬のはじめには死んでしまいます。

　寒さには強い卵鞘ですが、おそろしい敵がいます。卵鞘に産みつけられた卵からかえり、オオカマキリの卵や卵鞘をたべてしまう虫がいるのです。この虫に寄生された卵鞘では、春をむかえる前に、卵が死んでしまいます。

🔺オオカマキリの卵鞘の中で育ったカマキリタマゴカツオブシムシの成虫。

◀オオカマキリの卵鞘の中でふ化して育つカマキリタマゴカツオブシムシの幼虫。中の卵をたべつくし、卵鞘そのものもたべてしまいます。円内は幼虫のすがたです。

◀鳥にたべられたと思われるオオカマキリの卵鞘。卵鞘をつついて中の卵をたべたようで、ついていた茎から地面に落ちていました。

🔺オオカマキリの卵鞘にとまったオナガアシブトコバチ。長い針のような産卵管をさし、中の卵に産卵します。かえったハチの幼虫はその卵をたべてしまいますが、産卵されなかった卵はぶじに春をむかえることができます。

■ 卵鞘からはい出してぶら下がった前幼虫と1齢幼虫。前幼虫は、卵鞘の背側にある、つぎめのような線にそった部分にあなをあけ、そこからはい出してきます。前幼虫は、その場ですぐに皮をぬいで、1齢幼虫になります。

▲ 生まれる直前の卵鞘の中。大きな目をもつエビのような形の前幼虫がたくさんみえます。

## 赤ちゃんが出てきた

　寒い冬がおわり、春がくると、オオカマキリの卵鞘の中では卵が育ちはじめます。そして、4月のおわりから5月の中ごろのある日、卵からかえった赤ちゃんたちが、外の世界にすがたをみせます。
　赤ちゃんはうすい皮につつまれたまま、卵鞘にあけたあなからはい出し、糸にぶら下がって、つぎからつぎへと卵鞘から出てきます。そして、糸にぶら下がったまま頭の方から皮をぬぎます。皮をぬぐ前を前幼虫、皮をぬいだあとを1齢幼虫といいます。1齢幼虫は、体がしっかりかたまると、糸をつたって卵鞘へのぼり、そこから周囲にちらばっていきます。

▲ ①～⑤ 皮をぬいで1齢幼虫になる前幼虫。頭から腹先にむかって皮をぬいでいきます。皮をぬぎ、ぶら下がったまま体がかたくなるのをまちます。

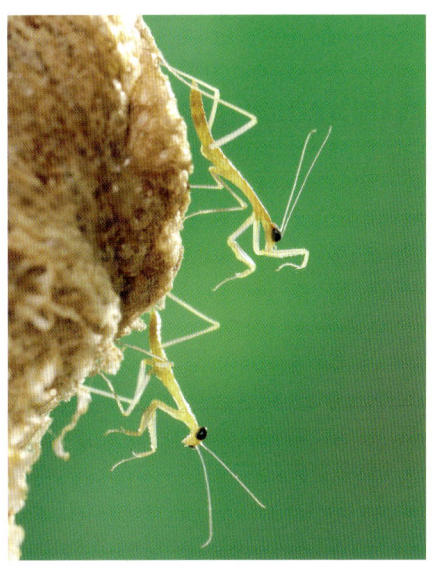

▲ 卵鞘にのぼった1齢幼虫。前あしにはすでに、小さなかまがあります。卵鞘から、つぎつぎと前幼虫が出てきて皮をぬぎ、1齢幼虫になっていきます。

▲ 卵鞘からたれ下がっている前幼虫の皮。みつけた卵鞘がこのようになっていたら、中はからです。皮はうすくて軽いので、時間がたつと、風にとばされていき、卵鞘だけがのこされます。

## きけんがいっぱい

　生まれたばかりのオオカマキリの幼虫にとって、まわりはきけんでいっぱいです。小さな体でつかまえられるえものは少なく、生まれた場所にいつまでもいると、いっしょに生まれたなかまや、先に生まれたなかまと共食いになります。

　ほかの安全な場所にいくには、地面におりたり、べつの茎へとうつらなければなりません。とちゅうで、風に飛ばされてしまうこともあります。地面に落ちてしまうと、幼虫をねらうアリやクモ、トカゲなどの敵がまちうけています。また、クモのあみにかかってしまうこともあります（16ページ）。

▲卵鞘にのぼってきた1齢幼虫。生まれた直後は、頭の上の部分がこぶのようにふくらんでいます。前幼虫として出てくるときに、この出っぱりが役に立つようです。

🔺ニホンカナヘビにたべられてしまったオオカマキリの1齢幼虫。生まれてくる幼虫のにおいをかぎつけて、やってきます。

🔺先に生まれた1齢幼虫が、あとから生まれてきた1齢幼虫をつかまえてたべています。

🔺大きさは同じくらいでも、アリは力が強く、くわえられると、なすすべがありません（写真はクロオオアリ）。

🔺ササグモは、草のあいだなどでまちぶせていて、幼虫をみつけると飛びかかってつかまえます。

🔺オニグモのなかまのあみにかかり、つかまってしまったオオカマキリの1齢幼虫。

● 花の上でハエと出合ったオオカマキリの1齢幼虫。えものにするには、少し大きすぎる相手です。1齢幼虫はおもに、自分の半分以下の大きさのえものをつかまえます。

## 狩りをする幼虫

　1齢幼虫は、体長が1センチメートルほどしかありません。こんなに小さくても成虫と同じように、狩りをしてえものをつかまえなければ、育っていくことはできません。狩りには、やはり、かまのような形の前あしをつかいます。
　成虫は自分より大きな虫などもつかまえますが、1齢幼虫は、アブラムシ（アリマキ）のなかまやショウジョウバエ、小さなアブなど、自分より体が小さな虫をつかまえます。なかでもアブラムシはよいえさで、初夏のころには、いろいろな植物にむらがっています。
　幼虫が成長するにつれて、えものの種類や大きさはかわっていき、自分の体の大きさにあったえものをつかまえます。

**1** ▲ 葉の先を、アブラムシが歩いています。1齢幼虫は、まだアブラムシに気づいていません。

**2** ▲ アブラムシに気がつきました。ねらいを定めて、前あしをくり出すタイミングをはかります。

**3** ▲ アブラムシにむかってすばやく前あしをくり出して、つかまえました。

**4** ▲ 左右の前あしでしっかりとアブラムシの体をかかえ、かぶりつきます。

▲ 葉の上にたまった水をのむ1齢幼虫。水をのむときは、口を直接水につけます。

## 幼虫のえもの

幼虫が育っていくのにあわせるように、えものの種類や大きさもかわっていきます。幼虫の体が大きくなるにつれて、力も強くなっていくので、だんだん自分と同じくらいの大きさのえものまで、つかまえられるようになるのです。

▲ 育った幼虫（5齢幼虫、46ページ）がカンタンをつかまえました。

## 育っていく幼虫

オオカマキリの幼虫は、狩りでとらえたえものをたべ、成長します。成長するにつれて、体をつつんでいる皮がいっぱいまでのびて、だんだんきゅうくつになっていき、ついにはそれ以上体が大きくなれなくなります。そのため、古い皮をぬいで（脱皮）、ひとまわり大きな新しい皮につつまれた体になります。

オオカマキリの幼虫は、1週間から2週間に1回くらい、合計6回の脱皮をして、終齢幼虫という、幼虫として最後の段階にまで育ちます。

▲ これまでに3回脱皮した幼虫（4齢幼虫）が、中あしと後ろあしで枝にぶら下がってじっとしています。4回めの脱皮がはじまります。

### 幼虫の大きさの変化（実物大）

※ここでは、褐色型の幼虫の成長をならべてみました。1齢はすべて褐色型で2齢もほとんどが褐色ですが、3齢ぐらいから、緑色にかわるものがあらわれます。

1齢幼虫　2齢幼虫　3齢幼虫　4齢幼虫　5齢幼虫

6齢幼虫　7齢（終齢幼虫）　翅芽

▲ 脱皮から次の脱皮までのあいだに、体は少しずつしか大きくなりません。脱皮をすることで、階段を上がるように体が成長します。6齢幼虫くらいから、成虫になってはねになる部分（翅芽）が目立ってきます。

▲ 終齢幼虫（緑色型）の翅芽。羽化が近づくまでは、翅芽は背中にぴったりはりつくようになっていますが、羽化が近づくと、写真のように体からういてきます。

🔺 脱皮は、頭の背中側の皮がさけて、そこから新しい皮につつまれた体があらわれます。触角、前あし、中あしの順にぬいでいき、後ろあしまでぬいだところで、新しいあしがかたくなるのをまち、それから腹の先をぬきます。1時間くらいかけて脱皮をします。

## とれたあしがはえてくる

　敵におそわれたのか、中あしや後ろあしが1本とれてしまっている幼虫を、たまにみかけます。とれてしまったあしは、何回か脱皮をするうちに元通りになっていきます。とれてから1回めか2回めの脱皮で、すべての節がそろった小さなあしがはえ、脱皮するごとにあしが大きく再生していきます。小さいときに失ったあしは、大きくなるまでに完全に元通りになりますが、大きくなってから失ったあしは、完全な大きさまでは、なかなかもどりません。

◼ 右の後ろあしがとちゅうからとれてしまった5齢幼虫（左）。脱皮をすると、とれたあしが、小さいながら再生しました（下）。つぎの脱皮で、再生したあしはさらに大きくなります。

## 成虫になる

　8月の中ごろ、大きく育った終齢幼虫が、枝や葉にぶら下がったまま動かなくなります。いよいよ成虫になるための脱皮（羽化）をするときがきたのです。動かなくなって1日ほどたつと、頭の後ろ側の皮がさけ、羽化がはじまります。幼虫の脱皮と同じように、頭から前あし、中あし、後ろあしと、皮をぬいでいきます。あしがぬけると、背中にはちぢれたはねがあらわれます。腹先まで皮をぬぐと、頭を上にして、ちぢんでいたはねをのばしていきます。はねがのびて、すっかりかわくまで、2～3時間かかります。

### オオカマキリの育ち方（小変態）
卵（陸上）　幼虫（陸上）　成虫（陸上）

### トンボ（ギンヤンマ）の育ち方（半変態）
卵（水中）　幼虫（水中）　成虫（陸上）

▲ オオカマキリは、卵→幼虫→成虫という育ち方をし、チョウのようなさなぎの時期はありません。このような育ち方を「不完全変態」といいます。また、不完全変態のなかでも、オオカマキリのように幼虫と成虫のすがたやくらし方があまりかわらない育ち方を「小変態」、トンボのように幼虫と成虫のすがたやくらし方がかなりちがう育ち方を「半変態」といいます。

**1**
▲ ぶら下がってじっとしたまま、1日ほどたつと、頭の後ろの部分の皮がさけ、羽化がはじまります。羽化はふつう、日がしずんでくらくなってからおこなわれます。

**4**
▲ 腹先までぬけて、すっかり皮をぬぎおわりました。体のむきをかえるまでは、はねはちぢんだままです。

**2**

▲頭と前あしまで皮をぬぎ、中あしをぬこうとしています。翅芽の部分の皮がぬげると、小さくちぢれているはねがあらわれます。

**3**

▲後ろあしの皮までぬぐと、あしがかたくなるまで、しばらく休みます。このときは、すでにぬけがらとなった中あしと後ろあしのつめで、体をささえています。

**5**

▲頭を上にしてむきなおると、ちぢんでいたはねに体液を送りこみ、はねが、みるみるのびていきます。

**6**

▲はねがすっかりのびても、朝まではじっとしています。日がのぼるころには、体がしっかりして、色もこくなります。

## 暑い夏の日の下で

　羽化をおえて成虫になったばかりのオオカマキリは、夏の太陽の下で、狩りをはじめます。これから秋までのあいだ、成虫たちは、たくさんのえものをとらえてたべ、栄養をしっかりとらなければなりません。

　さまざまな敵におそわれたり、病気やけがなどで、いのちを落とすものたちもいるでしょう。それらをのりこえて秋まで生きのこり、しっかりと成熟したオオカマキリだけが、子孫をのこすことができるのです。

▶ 8月の太陽の下、葉の上でえものがやってくるのをまつオオカマキリの新成虫。

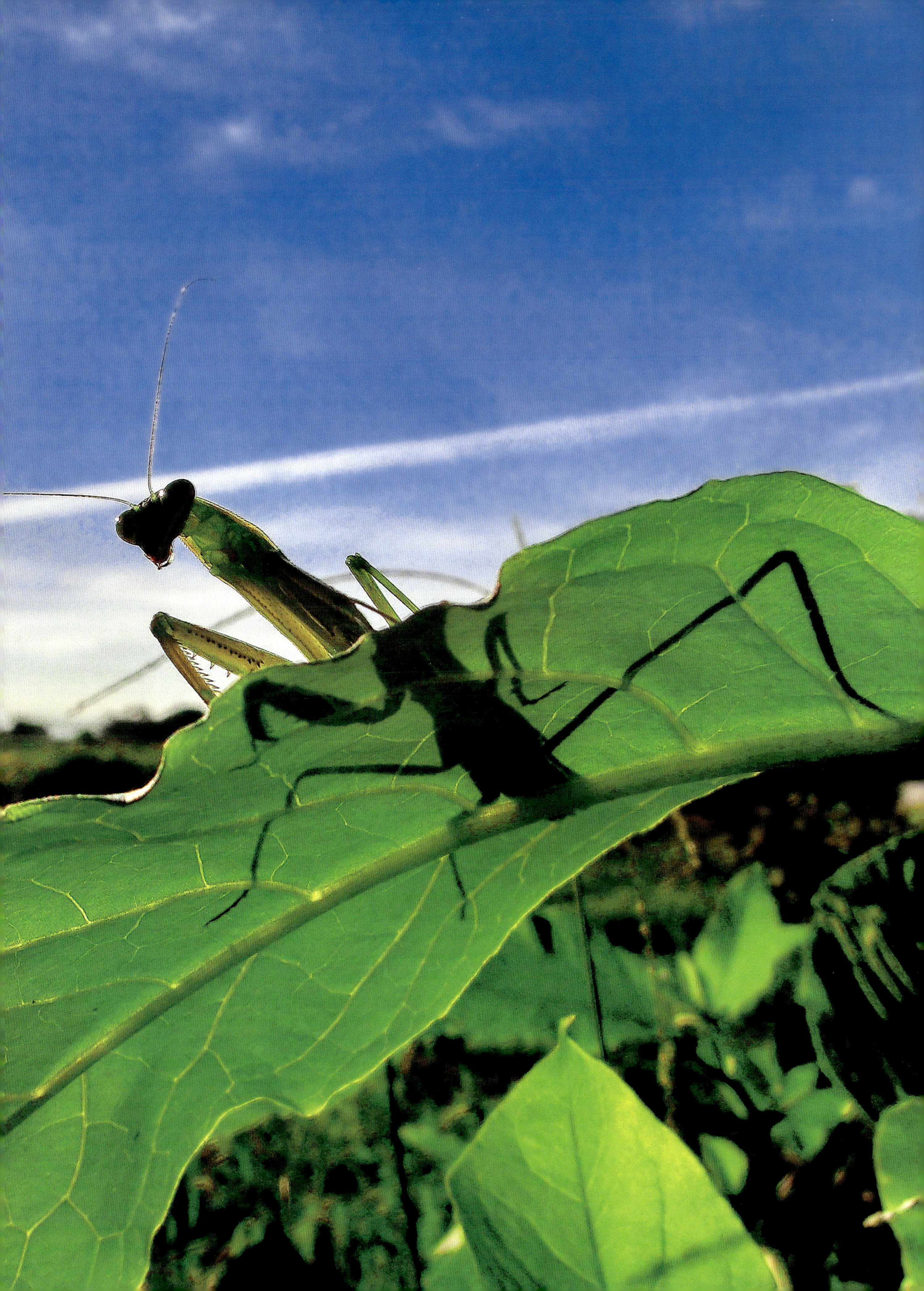

**みてみよう やってみよう**

# オオカマキリをみつけよう

オオカマキリは、北海道から九州までの各地でみられます。林のまわりのしげみから、畑のまわり、川岸の草地まで、さまざまな場所にすんでいます。

小さな幼虫はみつけにくいですが、夏のはじめごろからは、背の高い草の上などを注意深くさがせば、大きな幼虫や成虫をみつけることができます。体の細かい部分を観察するときは、つかまえて、飼育ケースなどに入れて観察してみましょう。

また、秋のおわりから冬のはじめにかけては、産卵している成虫をみつけることができるかもしれません。

▲林のまわりにあるしげみで、花のまわりなどをさがしてみましょう。

◀オオカマキリがいそうな林のまわり*にあるしげみ。

▲手のひらを出して、後ろから指でつついてみると、自分から歩いて乗ってくることもあります。手のひらに乗ったら、おどろかさないようにして、飼育ケースなどにうつしましょう。オスは飛んでしまうので、あみをつかった方が確実です。

▲手でもつと、かまをのばしてはさまれたり、かみつかれるので、注意しましょう。

*林の中や川のまわりなどには、危険な場所があります。また、入ってはいけない場所もあるので、おとなの人についてきてもらい、判断しても

● 卵をさがしてみよう！

　冬になったら、カマキリのなかまの卵鞘をさがしてみましょう。種類ごとに、形やみられる場所がちがいます。オオカマキリの卵鞘は、林のまわりのかれたクズや、セイタカアワダチソウの茎などで多くみられます。

▲かれた茎についているオオカマキリの卵鞘。

## カマキリのなかまの卵鞘（ほぼ実際の大きさ）

▽オオカマキリ

▷チョウセンカマキリ　野原や、米をつくっていない田んぼ（休耕田）の草などに産みます。

▷ハラビロカマキリ　雑木林の木のみきや枝、電信柱や家のかべなどに産みます。

▷ヒメカマキリ　木のみきや根もと、地面の石の下のすきまなど、いろいろなところに産みます。

△コカマキリ　家や畑のまわりの地面にある石の下のすきまや、たおれた木の下側、かべなどに産みます。

△ウスバカマキリ　河川敷の石のうら側などに産みます。

△ヒナカマキリ　林の地面にある石やたおれた木などに産みます。実物は、円内の黄色いマークほどの大きさです。

みてみよう やってみよう

# オオカマキリを飼ってみよう

　オオカマキリの卵鞘をみつけたら、枝ごとおってもって帰り、びんに入れてガーゼなどでふたをし、春までは家の外*に置いておきます。春になって幼虫が生まれたら、20ぴきぐらいを飼ってみましょう。のこりは、卵鞘があった場所にもどしましょう。

　大きくなった幼虫や成虫は、1ぴきずつ大きな飼育ケースで飼って、えさとして生きた虫をあげてみましょう。えさをたべないときは、つかまえた場所にもどしましょう。

20ぴきくらい入れて飼う。3齢幼虫くらいからは、1ぴきずつ分けて飼いましょう。

## 卵の保管方法

ガーゼを輪ゴムでとめる。

コーヒーのびんやコップ形の食品容器

春までは、家の外で、日が直接あたらない気温のひくい場所に置く。

春からは、部屋に入れ、明るく風通しのよいまどべに置いて、毎日ようすをみる。

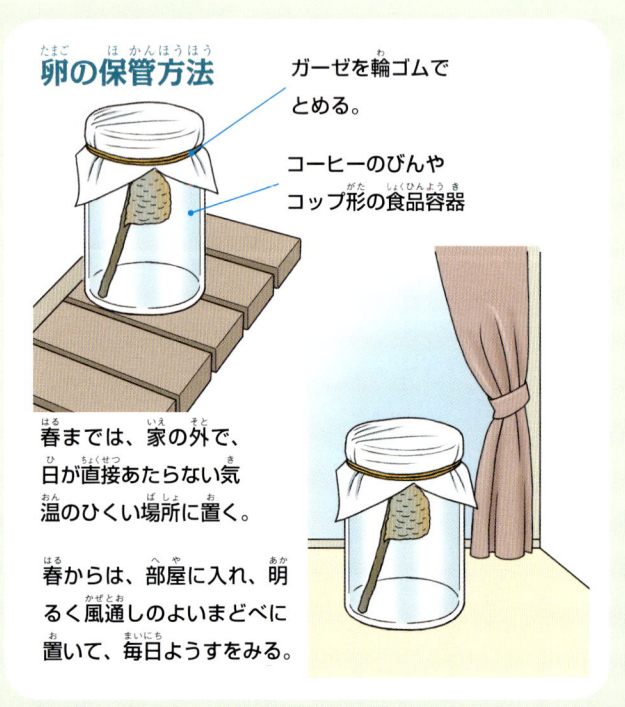

▲卵鞘がかわいても、中の卵は生きているので、しめりけをあたえる必要はありません。

びんにたっぷり水を入れて、脱脂綿をつめる。ここから水をのむので、つねにしめらせておく。

*家の中は玄関などでも気温が高く、卵から早くふ化してしまってえさが確保できなかったり、うまく育たなかったりします。

横の長さ30cmくらいの飼育ケースを、たてにしてつかいます。日が直接あたらない、明るく、風通しのよい場所に置きましょう。

アブラムシがたくさんついている枝や茎。

小さいうちは、すきまからにげないように、キッチンペーパーや食品保存用のシートなど、空気を通す紙や布をはさんで、しっかりふたをする。

## せわのしかた

▲ アブラムシが不足すると共食いをするので、少なくなってきたらアブラムシがたくさんついている新しい枝にかえましょう。

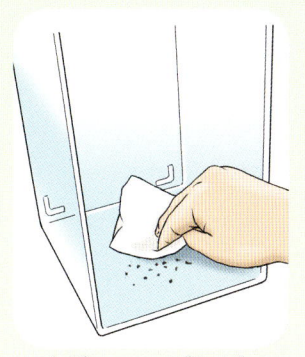

▲ 飼育ケースの底に食べかすやふんが目立ってきたら、ティッシュペーパーなどでふきとりましょう。

## 大きい幼虫や成虫の飼い方

大きな飼育ケース
脱脂綿
水を入れたびん
キッチンペーパー

▲ 幼虫や成虫がつかまる枝や茎を入れ、水を入れたびんに立て、脱脂綿をびんの口につめます。小さめの昆虫を入れて、つかまえないようなら、べつの昆虫にかえてみましょう。キッチンペーパーを底にしいておくと、ふんをとるのにべんりです。

55

## みてみよう やってみよう
# オオカマキリの体

　オオカマキリの成虫は、体が大きいので、肉眼でみてもいろいろな体のつくりが観察できます。体は、頭部と胸部、腹部の3つの部分に分かれています。頭部には大きな複眼が2つと、小さな単眼が3つあります。胸部には、前あしと中あし、後ろあしが2本ずつついていて、大きな前ばねと後ろばねも2枚ずつあります。背中側からみると、大きな腹部は、ふだんは、たたんだはねの下にかくれています。

触角
眼（単眼）
眼（複眼）
前あし
頭部
胸部
耳
中あし

▲ あしの先はつめがあり、ものにひっかけることができます。

▲ 褐色型のオオカマキリの成虫。前ばねのふちだけはつねに緑色です。

▲ 緑色型のオオカマキリの成虫。オスには緑色型はいません（前胸が緑色がかるものはいます）。

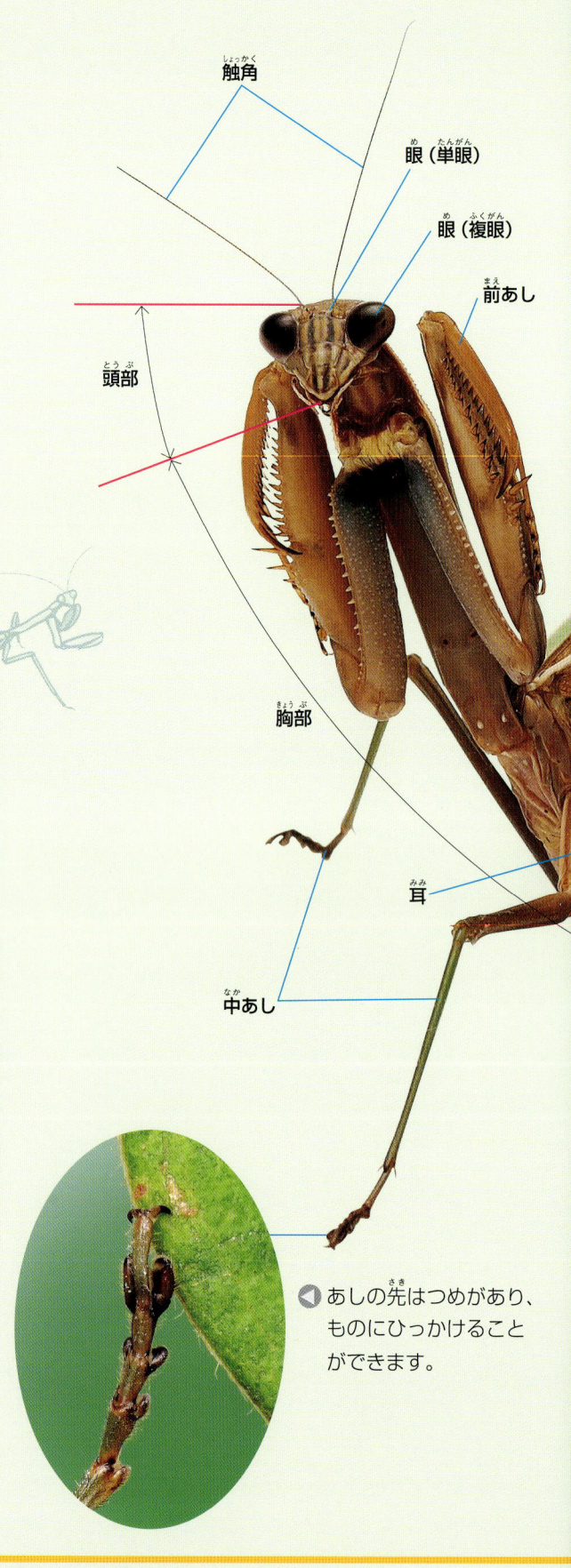

＊1 偽瞳孔は、複眼をつくるたくさんの個眼のうち、みている方向にまっすぐ向いている個眼のおくの色がみえているものです。

▲ 昼間の複眼。全体が緑色になります（緑色型の場合）。

▲ 夜の複眼。全体が黒っぽくなります。

上くちびる　大あご　小あごひげ　小あご　下くちびる　下くちびるひげ

▲ 口は上下にくちびるがあり、そのあいだに、左右に開く大あごや小あご、小あごひげや下くちびるひげが1組ずつあります。口の中は赤くみえます。

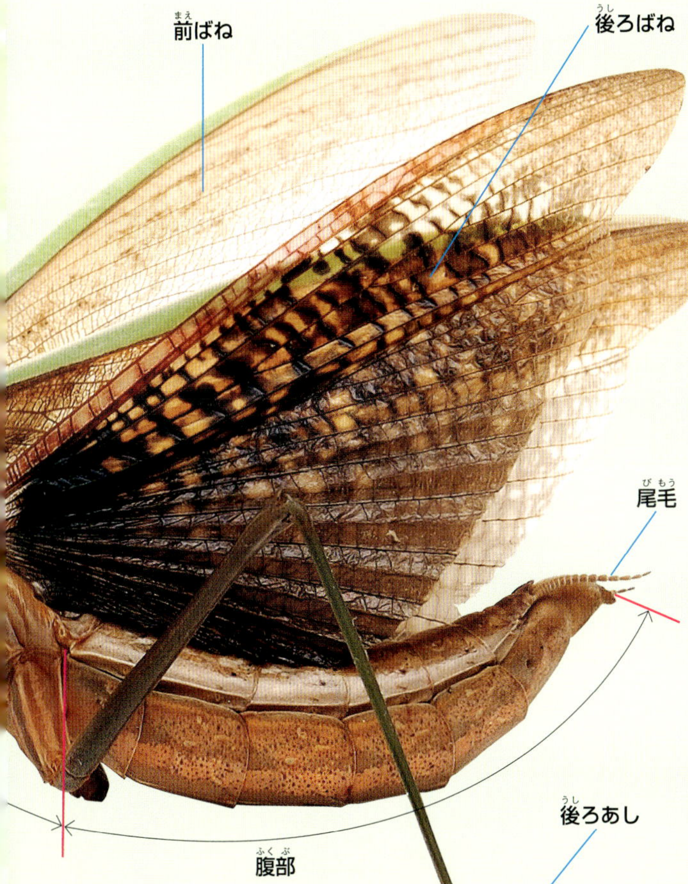

前ばね　後ろばね　尾毛　後ろあし　腹部

▽ 電子顕微鏡で撮影したオオカマキリの耳。中あしと後ろあしのつけねのくぼみに、音をつたえる鼓膜（矢印）があります。円内は鼓膜の表面をさらに45倍に拡大したもの。

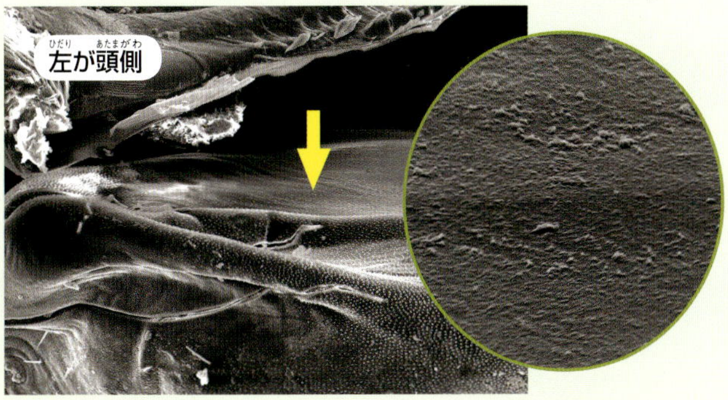

左が頭側

## 目にひとみがある？

昼間にオオカマキリの複眼をみると、ひとみのような小さな黒い点（偽瞳孔）がみえます。みる角度をかえてもつねに正面に移動しますが、偽瞳孔が動いてこちらをみているわけではありません。[*1]

▲ みる角度によって偽瞳孔の位置がかわり、つねにこちらをみているかのように感じます。

オス　尾毛　尾突起

メス　尾毛

▲ 背中側からみたオスの腹先。尾毛と尾突起が2本ずつあります。腹先はとがらず、左右が非対称の形[*2]です。

▲ 背中側からみたメスの腹先。尾毛が2本あり、オスとちがい腹先がとがっています。

[*2] オスの腹先が左右非対称であることは、腹側からみてもよくわかりません。はねをそっともちあげて、みてみましょう。

57

## かがやくいのち図鑑
# 日本にいるカマキリ

日本には、10種類以上のカマキリのなかまがいます。そのなかで、比較的よくみられる種類を紹介します。

### オオカマキリとチョウセンカマキリの見分け方

オオカマキリ　　チョウセンカマキリ

前あしのつけねがクリーム色　　前あしのつけねがオレンジ色

オオカマキリ　後ろばねがくらいむらさき色

チョウセンカマキリ　後ろばねがほとんどとうめい

**オオカマキリ**　オス体長 68～90mm　メス体長 75～95mm
北海道から九州までの各地にすむ大型のカマキリです。雑木林のまわりのしげみや、野原、川岸のしげみなど、いろいろな場所でみられます。体が緑色の緑色型と、体が茶色で前ばねのふちだけが緑色の褐色型がいます。

**チョウセンカマキリ（カマキリ）**
オス体長 65～90mm　メス体長 70～90mm
本州から沖縄までの各地にすむ大型のカマキリです。オオカマキリににていますが、体が少し細い感じです。畑のまわりや川岸のしげみ、草の多い公園などでみられます。緑色型と、体が茶色で前ばねのふちだけが緑色の褐色型がいます。

**ハラビロカマキリ**
オス体長 45～65mm
メス体長 52～71mm
本州から沖縄の各地にすむカマキリです。林の木の上や、まわりのしげみなどでみられます。前ばねの中ほどのふちに、白い紋があります。緑色型が多いですが、褐色型もいます。オスの前ばねの色は、メスにくらべると、ずっとすきとおった感じにみえます。

▲ハラビロカマキリの褐色型のメスと緑色型のオスの交尾。

▶ハラビロカマキリの幼虫。写真のように、つねに腹部を上にそらすかっこうをしています。

＊成虫の大きさ（体長）は、頭から腹先（はねの先）までを直線的にのばして計った長さです。

▲ 黒い紋があるウスバカマキリ。

▲ 黒い紋の中に白い部分があるウスバカマキリ。

**ウスバカマキリ**
オス体長50〜66mm　メス体長59〜66mm
北海道から沖縄まで、日本各地にすむカマキリです。前あしのつけねの内側に、黒い紋があるのが特徴です。紋の中に、白い部分をもつタイプもいます。広い野原や河川敷など、明るくひらけた場所でみられます。緑色型と褐色型がいます。

**コカマキリ**
オス体長36〜55mm　メス体長46〜63mm
本州から九州までの各地にすむカマキリです。前あしのつけねの節の内側に黒いもよう、腿節の内側には黒と白のもようがあります。地面を歩きまわるカマキリで、林の道のふちや、林のまわりのしげみ、畑のまわりの草地などでみられます。褐色型がふつうですが、まれに緑色型もいます。

▲ コカマキリの前あしのもよう。

▲ はねをひろげたコカマキリの成虫。

**ヒナカマキリ**　オス体長12〜15mm　メス体長13〜18mm
本州から沖縄までの各地にすむ小型のカマキリです。おもに林の中の地面や下草の中などにすんでいます。成虫のはねがとても小さく、幼虫のようにみえます。飛ぶことはできません。褐色の個体だけしかみつかっていません。

**ヒメカマキリ**　オス体長25〜33mm　メス体長25〜36mm
本州から沖縄までの各地にすむ小型のカマキリです。おもに広葉樹の林の中にいて、木の上にすんでいます。しかも、かくれるのがじょうずなので、みつけるのがむずかしいカマキリです。褐色で、前ばねのふちだけが緑色です。

## かがやくいのち図鑑
## 外国にいるカマキリ

世界には2000種類以上のカマキリのなかまがいます。ふしぎな形の種や、きれいな色やもようをもつ種がたくさんいます。

### ハナカマキリ
オス体長\*30〜35㎜　メス体長60〜70㎜

インドから東南アジアのジャングルにすむカマキリです。幼虫（下）は、花ににた形と色をしています。また、幼虫は腹先を背中側にそらせたかっこうをして、より自分を花ににせる行動をとります（26ページ）。成虫（左）は、幼虫ほど花ににていません。

### メダマカレハカマキリ
オス体長65〜70㎜　メス体長75〜80㎜

マレーシアやインドネシアのジャングルにすむカマキリです。背中側からみると、落ち葉にそっくりな色と形をしています。メスは前ばねのうら側に目玉もようがあり、おどしのポーズをとるときにこれをみせます。

### ヒョウモンカマキリ
オス体長20〜30㎜　メス体長40〜50㎜

ミャンマーからタイ、マレーシア、インドネシアにすむカマキリです。ジャングルの中の日あたりのよい場所にさく花の上などでみられます。幼虫も成虫も緑と白のまだらもようで、花やつぼみにまぎれてみつかりにくいすがたをしています。

\*成虫の大きさ（体長）は、頭から腹先（はねの先）までを直線的にのばして計った長さです。

### ケンランカマキリ
オス体長約20mm
メス体長約30mm

東南アジアのジャングルにすむカマキリで、体の表面が金属のようにかがやいています。写真はメスで、オスの体は青むらさき色にかがやきます。

### マルムネカマキリ
オス体長90〜100mm
メス体長100〜120mm

東南アジアのジャングルにすむカマキリで、葉の上などでみられます。胸部の背中側が横に広がっています。

### ニセハナマオウカマキリ
オス体長約100mm
メス体長約130mm

アフリカ中東部にすむ大型のハナカマキリのなかまです。あしと腹部に突起がたくさんあります。くしのような触角をもち、体の色もはでで、おどしのポーズはとてもおそろしそうにみえることから、「魔王」の名前がつきました。

### ボクサーカマキリ
体長25〜33mm

東南アジアのジャングルにすむカマキリです。前あしの腿節（11ページ）が平たいだ円形になっていて、ボクサーが大きなグローブをつけているようにみえます。写真のように、左右のかまを交互にくり出す、ボクシングのような動きもします。おどしのポーズをとるときは、前あしとはねを大きく広げます。

▲ 右のかまをくり出し…。 　▲ つづいて左のかまをくり出しました。

### ニテンスカマキリ
体長20〜25mm

東南アジアのジャングルにすむカマキリです。飛ぶのがとくいなようで、撮影中に近づくと、葉の上をすすっと走ったあと、ふわっと飛んで、にげてしまいました。

# さくいん

## あ

- アカスジキンカメムシ ……29
- アゲハ ……12
- アブラゼミ ……12
- アブラムシ ……44,45,55
- アリグモ ……29
- アリジゴク ……28
- アリマキ ……44
- 1齢幼虫（いちれいようちゅう） ……40,41,42,43,44,45,46,63
- 隠ぺい（いん） ……26
- 隠ぺい色（いんしょく） ……24
- 羽化（うか） ……16,46,48,50,63
- ウスバカゲロウ ……28,30
- ウスバカマキリ ……53,59
- 上くちびる（うわ） ……13,57
- 大あご（おお） ……13,28,57
- オオカレエダカマキリ ……27
- オナガアシブトコバチ ……39
- オニグモのなかま ……43

## か

- 褐色型（かっしょくがた） ……3,46,56,58,59
- カマキリタマゴカツオブシムシ ……39
- カムフラージュ（隠ぺい（いん）） ……26
- 感覚毛（かんかくもう） ……11
- 関節（かんせつ） ……6,11,17
- 完全変態（かんぜんへんたい） ……63
- カンタン ……45
- 偽瞳孔（ぎどうこう） ……56,57
- キノハダカマキリ ……27
- ギンヤンマ ……29,48
- クサカゲロウ ……30
- クサキリ ……8
- クマバチ ……12,24
- クロオオアリ ……43
- 脛節（けいせつ） ……11
- ケンランカマキリ ……61
- 小あご（こ） ……13,57
- 小あごひげ（こ） ……57
- 交尾（こうび） ……33,34,35,36,58
- コガネグモ ……28
- コカマキリ ……17,24,53,59
- 個眼（こがん） ……11,56
- 鼓膜（こまく） ……57
- 5齢幼虫（ごれいようちゅう） ……45,46,47

## さ

- 再生（さいせい） ……47
- ササグモ ……43
- サトクダマキモドキ ……13
- 産卵（さんらん） ……33,37,38,39,52
- 3齢幼虫（さんれいようちゅう） ……46,54
- 翅芽（しが） ……46,49
- 下くちびる（した） ……29,57
- 下くちびるひげ（した） ……57
- 終齢幼虫（しゅうれいようちゅう） ……15,46,48,63
- シュレーゲルアオガエル ……13
- ショウジョウバエ ……44
- 小変態（しょうへんたい） ……48
- 触角（しょっかく） ……14,15,47,56,61
- ジョロウグモ ……13
- 精子（せいし） ……34
- 精包（せいほう） ……34
- 前幼虫（ぜんようちゅう） ……40,41,42,63

## た

- 腿節（たいせつ） ……11,14,59,61
- タガメ ……29
- 脱皮（だっぴ） ……16,46,47,48,63
- 卵（たまご） ……17,20,21,33,36,37,38,39,41,48,53,54,63
- 単眼（たんがん） ……11,56
- チョウセンカマキリ ……53,58
- つめ ……11,49,56

## な

- ナガコガネグモ ……16
- 7齢幼虫（ななれいようちゅう） ……46,63
- 2齢幼虫（にれいようちゅう） ……46,63
- ニセハナマオウカマキリ ……61
- ニテンスカマキリ ……61
- ニホンカナヘビ ……43

## は

| | |
|---|---|
| ハナカマキリ | 26,60,61 |
| ハナグモ | 23,29 |
| ハラナガツチバチ | 7 |
| ハラビロカマキリ | 53,58 |
| ハリガネムシ | 17 |
| 半変態 | 48 |
| ビキングラタカマキリ | 27 |
| ヒシムネカレハカマキリ | 27 |
| 尾突起 | 57 |
| ヒナカマキリ | 24,27,53,59 |
| ヒメカマキリ | 19,24,53,59 |
| ヒメカマキリモドキ | 30 |
| 尾毛 | 57 |
| ヒョウモンカマキリ | 60 |
| 不完全変態 | 48,63 |
| 複眼 | 6,10,11,14,56,57 |
| 跗節 | 11 |
| ふん | 15,55 |
| ボクサーカマキリ | 61 |
| 保護色 | 24,26,28 |

## ま

| | |
|---|---|
| まちぶせ | 6,8,22,23,24,26,28,29,30,43 |
| マルムネカマキリ | 61 |
| ミズカマキリ | 30,31 |
| ミツバチ | 8 |
| ミナミカマバエ | 31 |
| ムシカビ | 16,17 |
| メダマカレハカマキリ | 60 |

## や

| | |
|---|---|
| ヨコヅナサシガメ | 29 |
| 4齢幼虫 | 46 |

## ら

| | |
|---|---|
| 卵鞘 | 36,37,38,39,40,41,42,53,54,63 |
| 緑色型 | 3,46,56,57,58,59 |
| 6齢幼虫 | 46 |

# この本で使っていることばの意味

**ふ化** 卵がかえること。オオカマキリでは、メスが産んだ卵は卵鞘につつまれて冬をこし、晩春から初夏にふ化します。ふ化して卵鞘からはい出てきた段階は前幼虫とよばれ、卵鞘に糸でぶらさがって皮をぬぐと1齢幼虫になります。

**脱皮** 外骨格をもつ動物が、成長するために全身の古いから（皮）をぬぎすて、新しいからを身にまとうようになること。古いからの下にできた新しいからは、最初はやわらかいので、脱皮をした直後にのびて、体を大きくすることができます。昆虫は幼虫のときに数回脱皮をし、成虫になると脱皮しなくなります。オオカマキリは、幼虫のときに6回脱皮をして、そのつぎの脱皮（羽化）で成虫になります。

**羽化** 昆虫が成虫になること。チョウやガ、カブトムシやクワガタムシ、ハチやアブなどでは、さなぎから成虫が出てくることをいいます。カマキリやバッタ、セミやカメムシ、トンボなど、さなぎの時期がない昆虫では、最後の段階の幼虫（終齢幼虫）から成虫が出てくることをいいます。

**終齢幼虫** 幼虫が脱皮をくりかえし、幼虫として最後の段階にたっした状態。卵からふ化した幼虫を1齢幼虫、1回脱皮した幼虫を2齢幼虫と数えます。オオカマキリでは、ふ化したてのものは前幼虫とよばれ、それが皮をぬいだ状態を1齢幼虫とよびます。オオカマキリでは、7齢幼虫が終齢幼虫になります。チョウやガ、カブトムシやクワガタムシ、ハチやアブなどは、終齢幼虫からさなぎになり、さなぎから成虫が羽化します。

**完全変態と不完全変態** チョウやガ、カブトムシやクワガタムシ、ハチやアブなどの昆虫は、幼虫と成虫のあいだに、さなぎの期間があります。幼虫が脱皮してさなぎになり、さなぎから成虫が羽化します。このような成長のしかたを完全変態といいます。これに対して、カマキリやバッタ、セミやトンボなどの昆虫では、さなぎの期間はなく、終齢幼虫から成虫が羽化します。このような成長のしかたを不完全変態といいます。

**外骨格** 昆虫やクモ、ダンゴムシ、エビやカニ、ムカデやヤスデなどで、体の外側をかたいからがおおっている体のつくりのこと。これらの生物には、ヒトやけもの、鳥、ヘビやトカゲ、カエル、魚などとちがい、体の内部に骨がないので、外骨格が体をささえるやくわりをします。カマキリやバッタ、チョウやハチ、セミなどでは、ややあつい皮のようになっているだけですが、カブトムシやクワガタムシ、ゾウムシなどは外骨格がひときわかたく、前ばねも甲らのようになって背中をおおっています。

NDC 486
森上信夫
科学のアルバム・かがやくいのち 15
オオカマキリ
狩りをする昆虫
あかね書房 2013
64P 29cm × 22cm

- ■監修　岡島秀治
- ■写真　森上信夫
- ■文　大木邦彦（企画室トリトン）
- ■編集協力　企画室トリトン（大木邦彦・堤 雅子）
- ■写真協力　アマナイメージズ
  - p11下、p57 左下電子顕微鏡写真 2 点　石井克彦
  - p27 左中　Minden Pictures
  - p27 右中、p61 左上　海野和男
  - p27 左下、p60 左下、p61 右上　今森光彦
  - p29 右下　栗林 慧
- ■イラスト　小堀文彦
- ■デザイン　イシクラ事務所（石倉昌樹・隈部瑠依）
- ■撮影協力　井上恵子・牛尾泰明・碓井 徹・尾園 暁・黒柳昌樹・阪本優介・佐藤浩一・新開 孝・鈴木知之・高嶋清明・渡部茂実
- ■協力　白岩 等
- ■参考文献
  - ・山脇兆史（2003），いかにカマキリは餌を捕らえるか：餌認知と捕獲行動のメカニズム, 比較生理生化学, Vol.20, No.2, pp.82-95.
  - ・松良俊明（2007），カマキリは滅んでしまうのか：オオカマキリとの対比を通しての考察, 京都教育大学環境教育研究年報, Vol.15, pp. 57-67.
  - ・David D.Yager;Ronald R.Hoy (1986), The Cyclopean Ear:A New Sense for the Praying Mantis, Science, New Series, Vol.231,No.4739.pp.727-729.
  - ・『フィールド版　昆虫ハンター カマキリのすべて』（2008），岡田正哉, トンボ出版
  - ・『科学のアルバム　カマキリのかんさつ』（1976），栗林慧, あかね書房
  - ・『自然の観察事典　カマキリ観察事典』（2000），構成・文／小田英智 写真／草野慎二, 偕成社
  - ・『ぼくの庭にきた虫たち　カマキリ観察記』（2009），佐藤信治, 農山漁村文化協会
  - ・『やあ！出会えたね　カマキリ』（2003），今森光彦, アリス館
  - ・『大自然のふしぎ　昆虫の生態図鑑』増補改訂（2010），岡島秀治監修, 学研教育出版

科学のアルバム・かがやくいのち 15
**オオカマキリ** 狩りをする昆虫

2013年3月初版　2023年2月第2刷

- 著者　森上信夫
- 発行者　岡本光晴
- 発行所　株式会社 あかね書房
  〒101-0065　東京都千代田区西神田３－２－１
  03-3263-0641（営業）　03-3263-0644（編集）
  https://www.akaneshobo.co.jp
- 印刷所　株式会社 精興社
- 製本所　株式会社 難波製本

©amanaimages, Kunihiko Ohki. 2013 Printed in Japan
ISBN978-4-251-06715-9
定価は裏表紙に表示してあります。
落丁本・乱丁本はおとりかえいたします。